Basis TTouches® für Pferde

Kurzanleitung & Anwendung

LINDA TELLINGTON-JONES

MIT KOSMOS MEHR ENTDECKEN
Extra:
FÜR MENSCH UND HUND
SEIT 1822

KOSMOS

INHALT

☞ WIE (BE)NUTZEN SIE DIESES BUCH

Tellington TTouch Training® ist eine sanfte und respektvolle Trainingsmethode für die Ausbildung von Pferden, die aus drei Komponenten besteht: Tellington TTouch, Bodenarbeit und Reiten.
Tellington TTouch®, bekannt als TTouch (gesprochen Ti-Touch), ist eine Form der Körperarbeit und umfasst vielfältige kreisförmige, hebende und gleitende Bewegungen, die mit den Händen ausgeführt werden. In Verbindung mit sorgfältig ausgewählten Führ- und Bodenübungen im Lernparcours und der Arbeit unter dem Sattel erweitert und fördert Tellington TTouch Training in hervorragender Weise die Lernfähigkeit und Kooperationsbereitschaft Ihres Pferdes, verbessert Gleichgewicht und Koordination bei Ihnen und Ihrem Pferd und vertieft Ihre Bindung.
Zusätzlich zur Anwendung der gängigsten TTouches bei Pferden werden auch die Ausführung und der Einsatz der TTouches bei Hund und Mensch vorgestellt. So können Sie die TTouches sowohl bei Ihren Tieren als auch bei sich selbst effektiv anwenden.

Die 7 Säulen des Tellington TTouch Trainings®

1) Auf der Grundlage von Kooperation und Mitgefühl verbessert Tellington TTouch Training das Lernvermögen, vermindert Stress und macht Training sowie die sportliche Leistung zum Vergnügen für Pferd und Reiter.
2) Tellington TTouch Training lässt das Pferd über den reflexhaften Kampf- oder Fluchtinstinkt hinwegkommen – es überwindet seine Furcht, beginnt sich sicher zu fühlen, willig mitzuarbeiten und dem Reiter zu vertrauen.
3) Pferde lernen leichter und schneller in der Gesellschaft eines oder mehrerer anderer Pferde oder wenn sie andere Pferde bei der Arbeit beobachten können. Trainieren Sie Ihr Pferd wenn irgend möglich nicht allein. So wird Ihr Pferd auch von Anfang an auf die „wirkliche Welt" vorbereitet, wenn im Gelände oder auf dem Turnierplatz andere Pferde geritten und gearbeitet werden.
4) Schmerz, Verspannung und Unbehagen, oft unentdeckt, schränken das Leistungsvermögen ein und führen zu Widersetzlichkeit und Verhaltensproblemen. Wenn ein Pferd sich widersetzt, ist dieses Verhalten unserer Meinung nach entweder auf Schmerz, Angst oder Unsicherheit oder aber auf unfaire Behandlung oder unklare Kommunikation zurückzuführen.
5) Wenn es Ihnen gelingt, eine Furcht zu verringern, verringert sich ganz allgemein die Furcht in allen möglichen Situationen. Tellington TTouch Training gibt Ihnen das Werkzeug an die Hand, mit dem Sie die Selbst-

sicherheit Ihres Pferdes stärken können, sodass es im Gelände und auf dem Platz vertrauensvoll und kooperativ mit Ihnen arbeiten kann.

6) Jedes Pferd ist ein Lehrmeister. In den vergangenen Jahrzehnten waren meine besten Lehrmeister „Problempferde", die von sich hilflos fühlenden Besitzern zu mir gebracht wurden, nachdem alle anderen Möglichkeiten ausgeschöpft waren.
7) Wir erkennen an, dass Pferde ihre eigenen Gefühle und ihre eigene Persönlichkeit besitzen. Ziel des Tellington TTouch Trainings ist eine Arbeit mit gefühlvollem Verständnis statt mit Gewalt und die Anwendung der Goldenen Regel des Horsemanship: Behandle dein Pferd, wie du selbst gern behandelt werden möchtest.

DIE PHILOSOPHIE

- Wir achten jedes Tier und sehen es als Lehrer für uns und unser Leben.
- Wir setzen uns für Harmonie, Verständnis und Vertrauen ein – zwischen Mensch und Tier sowie zwischen Menschen untereinander.
- Wir respektieren und wertschätzen die Persönlichkeit jedes Tieres und jedes Menschen sowie deren individuelle Art und Weise, zu lernen und sich zu entwickeln.

Die Wirkung der Tellington TTouches®

Die Tellington TTouches sind sanft kreisende Bewegungen, die das Verhalten verändern, das Wohlbefinden stärken und die Beziehung zwischen Mensch und Pferd verbessern. Tellington TTouch ist wie eine non-verbale Sprache, die die Verbindung zwischen Mensch und Tier vertieft. Mit nur wenigen Minuten TTouch pro Tag können Sie positive Persönlichkeits- und Verhaltensveränderungen erzielen und die Gesundheit Ihres Tieres auf sanfte Art unterstützen.
Das Ziel der TTouch-Körperarbeit ist die Lebenskraft und Funktion der Körperzellen zu aktivieren, deren „Intelligenz zu wecken", um eine körperliche und mentale Balance herzustellen. Daraus ergibt sich ein gegenseitiges Verstehen, Ihr Pferd wird Ihnen mehr und mehr vertrauen und im positiven Sinne selbstbewusster werden.
TTouch bewirkt eine Stimulierung der Selbstheilungskräfte.
Studien der Neurologin Anna Wise zeigen, dass während der Ausführung der Kreisbewegungen des TTouch-Basiskreises von einem ganzen Kreis plus einem Viertelkreis am Menschen Gehirnwellenmuster messbar werden, wie sie auch in einem idealen Lernzustand entstehen, und zwar bei demjenigen, der behandelt wird, wie auch beim Behandler selbst.

Biophysiker Maxwell Cade und Anna Wise nennen diesen idealen Lernzustand „awakened mind state“, was man als „erwachtes Bewusstsein“ übersetzen kann. Die Forscher fanden diesen Zustand bei Menschen, die man als Genies bezeichnet, also Menschen, die mental mehr leisten als der Durchschnittsmensch. Der „awakened mind state“ ist die ideale Aktivierung aller vier Gehirnwellen, genannt Beta, Alpha, Theta und Delta, in beiden Gehirnhemisphären in einem bestimmten Muster.
1985 ergaben die Studien russischer Tierärzte am Bitza Olympia Center in Moskau eine Reduzierung von Stresshormonen unter der Anwendung von TTouch an Sportpferden.

TELLINGTON TTOUCH® FÖRDERT DIE INTELLIGENZ

Tellington TTouch regt die Intelligenz des Tieres an. Eine Definition für Intelligenz lautet im Duden: „Intelligenz ist die Fähigkeit, sich neuen Situationen gut anpassen zu können“. Auf dem Weg zu dieser Form von Intelligenz kann Tellington TTouch wertvolle Dienste leisten. Pferde haben genau wie Sie Stress in ihrem Leben. Tellington TTouch ist ein wunderbares Werkzeug, um die Auswirkungen von Stress zu mildern und das Tier in einen entspannten, aufnahmefähigen und lernbereiten Zustand zu versetzen. Dies ist die Grundlage für ein vertrauensvolles und harmonisches Miteinander. TTouches überwinden Angst, Nervosität und Verspannungen. Einige der TTouches sehen wie Massagegriffe aus, sie werden jedoch sehr viel sanfter ausgeführt, da wir die Zellkommunikation anregen möchten, die Lockerung der Muskulatur ist ein positiver Nebeneffekt.
Die Intention von TTouch ist es, die Körperzellen zu aktivieren und deren Kommunikation untereinander zu fördern. Die Zelle an sich ist ein Wunderwerk, sie besitzt eine eigene Intelligenz. Jede Zelle „weiß“ genau, wo sie im Körper hingehört und welche Aufgaben sie hat. Mit TTouch geht es uns darum, genau diese Zellintelligenz zu unterstützen, um das körpereigene Potenzial zur Selbstheilung und zum effektiven Lernen zur vollen Entfaltung zu bringen (siehe Quellen Seite 45).

Die Elemente des Tellington TTouch®

BASIS-KREIS

Stellen Sie sich das Ziffernblatt einer Uhr auf dem Körper Ihres Pferdes, Hundes oder eines Menschen vor, bei dem die sechs nach unten weist, die neun nach links, die zwölf nach oben und die drei nach rechts. Bewegen Sie die Haut sanft in einem Eineinviertel-Kreis von sechs Uhr bis sechs Uhr plus einem Viertelkreis bis neun Uhr. Je nach Ihrem Gefühl oder Ihrer Intuition bewegen Sie die Haut im Uhrzeigersinn oder entgegen dem Uhrzeigersinn, dann endet die Bewegung bei drei Uhr.

Am Schluss des Eineinviertel-Kreises gleiten sie mit halb so viel Druck zu einer anderen Stelle, wo Sie den nächsten TTouch-Kreis beginnen. Achten Sie darauf, die Haut zu verschieben und nicht nur über die Haut oder das Fell zu gleiten oder zu rutschen. Ihre andere Hand liegt mit auf dem Körper auf und hält klaren Kontakt.

DRUCKSTÄRKEN

Der Druck jedes TTouches variiert auf einer Skala von 1 bis 10. Wir benutzen die Skala bis 10, um klar zu machen, wie leicht der Kontakt im Unterschied zur Massage ist. Bei Pferden verwenden wir in der Regel einen Druck der Stärke 1 bis 3, bei Hunden und Menschen der Stärke 1 bis 2. Die Absicht des sanften TTouch liegt darin, die Funktion der Zellen zu unterstützen und die Kommunikation zu verbessern.

Um den Unterschied zwischen den Druckstärken herauszufinden, probieren Sie die TTouches an sich selbst. Stützen Sie Ihren rechten Ellbogen mit der linken Hand. Legen Sie Ihren rechten Daumen auf die Wange, krümmen Sie Ihre Finger und bewegen Sie das Augenlid über dem Augapfel mit dem sanftesten Kontakt, mit dem Sie Haut verschieben können. Das entspricht Druckstärke 1.

Sie wechseln zum Jochbein neben dem Auge und bewegen die Haut im Eineinviertel-Kreis so, dass Sie den Knochen darunter klar und auf angenehme Weise spüren können. Das ist Druckstärke 3. Meist wird die Kreisbewegung im Uhrzeigersinn als angenehmer empfunden. Doch probieren Sie es individuell aus.

Wiederholen Sie den am Jochbein ausgeführten Druck 3 auf Ihrem Unterarm in der Mitte zwischen Handgelenk und Ellbogen. Verschieben Sie auch hier die Haut mit den Fingerkuppen im Eineinviertel-Kreis, der Daumen liegt dabei unterhalb des Arms.

Die Druckstärke 2 liegt zwischen Druckstärke 1 und 3, probieren Sie es aus. Wenn Sie an einer Verletzung oder mit einem empfindlichen Pferd arbeiten, verwenden Sie Druck 1 oder 2. Druckstärke 3 eignet sich für ein Pferd, das Ihrer Berührung am ganzen Körper vertraut.

TEMPO

Als Tempo bezeichnen wir die Zeit, die man benötigt, um die Haut des Pferdes in einem Eineinviertel-Kreis zu bewegen. Sie beträgt eins, zwei oder drei Sekunden. Um Ihr Pferd zu aktivieren oder wenn es aufgeregt ist, eignen sich 1-Sekunden-Kreise. 1-Sekunden-Kreise eignen sich auch, um Schwellungen zu reduzieren und akute Schmerzen zu lindern.Wenn Sie seinen Fokus stärken möchten, verwenden Sie 2-Sekunden-Kreise mit einer „achtsamen Pause" nach jedem Kreis (siehe unten). 3-Sekunden-Kreise sind selten, sie werden zur Stärkung des gegenseitigen Vertrauens und zur tiefen Beruhigung angewendet.

ACHTSAME PAUSE

Halten Sie am Ende eines Eineinviertel-Kreises die Verbindung zur Haut mit einer „achtsamen Pause" mit dem gleichen Druck, wie der Eineinviertel-Kreis ausgeführt wurde. Viele Meditationslehrer definieren sie als „Pause, die wundersame Stille erlaubt". Die achtsame Pause hilft uns, eine wichtige Verbindung mit unserem Pferd auf Zellebene herzustellen.

VERBINDUNGEN

Wenn man ein Pferd am ganzen Körper ttoucht, bietet es sich an, in Linien zu arbeiten, auf denen die Finger von einem TTouch zum nächsten gleiten (also den Kontakt zum Pferd halten), anstatt zu „springen". Verbinden Sie die TTouches nicht mit einem Gleiten, wenn eine Stelle schmerzhaft, empfindlich oder verletzt ist. Lösen Sie Ihre Finger stattdessen und machen Sie eine bewusste Bewegung durch die Luft, um beim nächsten Kreis wieder Kontakt mit dem Körper herzustellen. Ich nenne diese Bewegung „weben".

KÖRPERHALTUNG

Achten Sie darauf, dass Ihr Schwerpunkt beim TTouchen mehr über den Fußballen als über den Fersen liegt und dass Ihre Knie locker sind. Wenn Sie einen Fuß etwas hinter den anderen stellen, fällt es Ihnen leichter, die Balance zu halten, und Sie können bei Bedarf schnell ausweichen.
Setzen Sie beide Hände ein, wenn Sie Ihr Pferd ttouchen. Mit einer Hand machen Sie den TTouch, die andere hält den Kontakt, um eine bessere Verbindung zum Pferd herzustellen.
Die Haltung Ihres Pferdes ist so wichtig wie Ihre. Ein schreckhaftes, ängstliches Pferd steht oft mit hohem Kopf, angespanntem Hals und weggedrücktem Rücken da. Nutzen Sie TTouches, um seinen Kopf zu senken (siehe Seite 10) und seinen Rücken hochzubringen (siehe Seite 40). Sie werden erstaunt sein, wie die Veränderung seiner Haltung sein Verhalten beeinflussen wird.

ACHTSAMES ATMEN

Es ist eine weitverbreitete menschliche Eigenart, den Atem anzuhalten, wenn man sich konzentriert. Achtsames Atmen – einatmen durch die Nase und ausatmen durch gespitzte Lippen – sorgt dafür, dass Sie ruhig, fokussiert und voller Energie bleiben. Wenn Sie so ausatmen, dass Ihr Pferd Sie hören kann, atmet Ihr Pferd oft auch hörbar aus und entspannt sich sichtlich.

ABSICHT

Wie bereits erwähnt, besteht ein wesentliches Prinzip des Tellington TTouch und des Tellington TTouch Trainings darin, sich ein positives Bild von Ihrem Pferd zu bilden: Wie soll es sich benehmen, welche Leistung erbringen und wie soll es mit Ihnen in Beziehung treten? Sie können Verhalten und Gesundheit durch die Absicht, die Sie haben, beeinflussen.

FEEDBACK

TTouch wird als Kommunikation zwischen den Arten beschrieben. Da Ihr Pferd nicht mit Worten kommuniziert, müssen Sie lernen, seine Körpersprache zu lesen. Achten Sie auf kleine Veränderungen, die auf negative Reaktionen hinweisen – wie ein Schlagen mit dem Kopf, ein Ausweichen zur Seite oder nach hinten, mit dem Schweif schlagen (wenn keine Fliegen in der Nähe sind) oder ihn einklemmen, mit den Hufen scharren, mit den Zähnen knirschen, die Ohren anlegen, Maul und Nüstern anspannen. So spricht das Pferd über seinen Körper mit uns. Lernen Sie, dem „Flüstern Ihres Pferdes zuzuhören". So werden Ihr Verständnis für Ihr Pferd und Ihre Beziehung zu ihm ein neues Niveau erreichen.

EINTEILUNG DER TTOUCHES

Vertrauensbildende TTouches sind eine Sammlung von kreisenden, hebenden und gleitenden Bewegungen mit den Händen und Fingerkuppen über verschiedene Körperteile des Pferdes. Sie dienen dazu, das Vertrauen zu stärken, Spannungen zu lösen, gewohnheitsmäßige Muster, die zu Widersetzlichkeiten führen, zu durchbrechen und neue Möglichkeiten für das Lernen und Kooperieren zu eröffnen.
Bewusstseinsfördernde TTouches: Dies sind TTouches, die Spannungen lösen, die Geschmeidigkeit erhöhen und Ihnen mehr Freude mit Ihrem vierbeinigen Partner schenken.
TTouches für Gesundheit: Spezielle TTouches, die bei bestimmten gesundheitlichen Problemen, einschließlich Kolik, Schock und Kreuzverschlag, äußerst wertvoll sind.
Leistungsfördernde TTouches: TTouches, die sich für Leistungs-, Arbeits- und Sportpferde als besonders nützlich erwiesen haben.

Basis-Übungen vor der TTouch-Behandlung

DEN PFERDEKOPF SENKEN

Das Pferd in eine entspannte Körperhaltung zu bringen ist eine wichtige Vertrauensübung. Das Genick des Pferdes soll etwas unterhalb des Widerrists platziert sein, aber nicht so tief, dass das Pferd „abschaltet". Hals, Brust und Beine werden mit der Tellington-Gerte abgestrichen, um das Pferd zu „erden".

ABSTREICHEN MIT DER GERTE

Streichen Sie mit der Tellington-Gerte an Hals, Brust und Vorderbeinen entlang nach unten bis zu den Hufen. Auch der Rumpf wird bis hinunter zu den Hinterbeinen abgestrichen. Dadurch fühlt sich das Pferd „geerdet" und der Fluchtreflex kann unterbrochen werden. Es lernt vertrauensvoll still zu stehen, den Kopf zu senken und seinen Körper zu spüren.

DEN KÖRPER ERFORSCHEN

Mit gleitenden Bewegungen der Hände werden Vertrauen, Unwohlsein und/oder Angst im Pferdekörper überprüft. Das Erkunden mit der flachen Hand und mit sanftem Gleiten der Handfläche erfolgt über den ganzen Pferdekörper. Wenn das Pferd diese Berührung nicht akzeptiert, wird mit einem sanften Gleiten der Handrückseite begonnen (siehe Seite 18).

HERZENSUMARMUNG

Die Herzensumarmung kann Ihnen helfen, sich vor dem Wettkampf zu beruhigen, sich zu konzentrieren und Ängste zu lindern.

Schritt 1: Legen Sie beide Hände leicht gewölbt auf Ihr Brustbein oder machen Sie mit einer Hand eine lockere Faust und legen die andere Hand darüber. Visualisieren Sie das Ziffernblatt einer Uhr auf Ihrer Brust unter Ihren Händen. 6 Uhr ist am unteren Ende in Richtung zum Boden.

Schritt 2: Beginnen Sie bei 6 Uhr, atmen Sie ein und aus, während Sie die Haut langsam, sanft und gleichmäßig in einem Eineinviertel-Kreis bewegen. Sie stoppen bei 9 Uhr oder bei 3 Uhr, wenn Sie den Gegenuhrzeigersinn bevorzugen. Probieren Sie beide Richtungen.

Schritt 3: Atmen Sie noch einmal tief ein und aus, während Ihre Hände ruhig auf 9 Uhr liegen bleiben.

Schritt 4: Atmen Sie normal weiter und spüren Sie, wie die Luft in Ihrer Lunge ein- und ausströmt.

Schritt 5: Wiederholen Sie die Herzensumarmung mehrere Male. Wenn sich ein Gefühl des Friedens einstellt, sprechen Sie einen Dank oder ein Gebet mit der Botschaft »Erinnere dich an deine Vollkommenheit«.

☞ TELLINGTON TTOUCH PRAXIS

WOLKEN LEOPARD TTOUCH

Pferd

Der Wolken Leopard TTouch gehört zu den ersten TTouches, die Linda Tellington-Jones entwickelt hat. Er stärkt das Selbstvertrauen, hilft gegen Rücken- und Muskelschmerzen, Überempfindlichkeit, Verspannung und vermindert Stress.

Zuordnung: Bewusstseinsfördernder TTouch & Kreisender TTouch

Druckstärke: 1 bis 4

Dauer: 1 oder 2 Sekunden, zur Beruhigung 3 Sekunden

Anwendung: Vertrauen aufbauen; Koordination und Beweglichkeit verbessern; Bereitschaft und Fähigkeit zum Lernen steigern; auch als verbundene Kreise ausführen

Körperbereiche: gesamter Körper

Ausführung

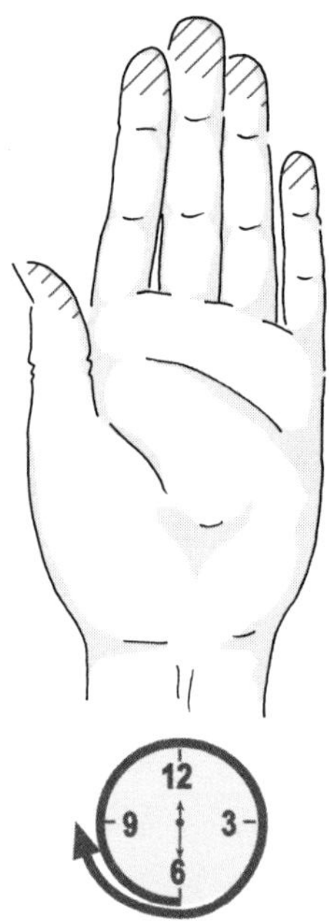

Schritt 1 Legen Sie Fingerkuppen bei leicht gewölbter Hand nahe beieinander auf den Körper. In der Zeichnung zeigen die schraffierten Flächen an, welche Teile der Finger mit der Haut in Berührung kommen. Die andere Hand legen Sie in bequemen Abstand auf den Pferdekörper auf, damit beide Hände eine Verbindung haben und Sie sich besser ausbalancieren können. Ruhig und gleichmäßig atmen. Ihre Entspanntheit wird vom Pferd reflektiert. Das gleichmäßige, ruhige Atmen hilft Ihnen, locker und beweglich zu bleiben.

Schritt 2 Verschieben Sie die Haut mit den Fingerkuppen. Der Daumen bewegt sich nicht, er hält die Verbindung wie ein Anker. Stellen Sie sich das Ziffernblatt einer Uhr vor und beginnen Sie bei 6 Uhr. Egal, wo Sie sich am Körper befinden, 6 Uhr zeigt immer in Richtung zum Boden. Führen Sie einen ganzen Kreis aus, also von 6 Uhr bis 6 Uhr und dann noch weiter bis 9 Uhr. Beenden Sie die

Bewegung und halten Sie kurz inne. Gleiten Sie auf dem Fell ein Stückchen weiter, um den nächsten Eineinviertel-Kreis zu beginnen.

Hund

Wolken Leopard TTouches helfen, mit neuen Situationen gut umzugehen, z. B. in der neuen Familie, im Sport oder in Hundeprüfungen, in der Therapie- und Rettungshundearbeit. Die Koordination von unsicheren Hunden oder bei neurologischen Problemen verbessert sich. Ihr Hund entwickelt die Bereitschaft zur Kommunikation und Zusammenarbeit.

Druckstärke: 1 bis 3

Dauer: 2 oder 3 Sekunden

Anwendung: Verspannungen, Angst, Unsicherheit, Nervosität, neurologische Probleme, Hyperaktivität, Muskelkater, Hüftdysplasie

Körperbereiche: gesamter Körper

Mensch

Behutsame Wolken Leopard TTouches mit Druckstärke 2 eignen sich hervorragend, um Schmerzen, Verspannungen und Müdigkeit zu vertreiben.

Druckstärke: 1 bis 3

Dauer: 1, 2 und 3 Sekunden

Anwendung: Verspannungen, Schmerzen, Allergien, Verletzungen, um Müdigkeit zu vertreiben

Körperbereiche: Kopf, Gesicht, Schultern, Rücken, Beine, Füße, Gelenke

TIPP: ACHTSAME PAUSE

Nach einigen TTouches erfolgt eine achtsame Pause, die es dem Körper des Tieres und Menschen erlaubt, das Gefühl und die Verbindung, die durch jeden einzelnen TTouch entsteht, zu verarbeiten, zu vertiefen und zu integrieren.

☞ LIEGENDER LEOPARD TTOUCH

Pferd

Die beim Liegender Leopard TTouch leicht gewölbt aufliegende Hand erzeugt Wärme und wirkt beruhigend. Die Finger passen sich dem Körper an und werden mit sanftem Druck bewegt.

Zuordnung: Vertrauensbildender TTouch & Kreisender TTouch

Druckstärke: 1 bis 3

Dauer: 2 und 3 Sekunden

Anwendung: Aufmerksamkeit und Konzentration verbessern; „erdet" bei Schreckhaftigkeit; Angst und Kitzligkeit abbauen; Vertrauen und Selbstbewusstsein aufbauen; Schmerzen lindern; Schwellungen bei akuten Verletzungen verhindern

Körperbereiche: Kopf, Hals, Rücken, Rumpf, Beine

Ausführung

Schritt 1 Stellen Sie sich einen liegenden Leoparden mit ausgestreckten Vorderpfoten vor. Die Hand wird leicht gewölbt auf den Körper gelegt und erlaubt wärmenden Kontakt. Die vorderen Bereiche der ausgestreckten Finger, wie in der Illustration zu sehen, beschreiben den Eineinviertel-Kreis. Die Kreisbewegung wird mit den vorderen Fingerflächen ausgeführt, dort liegt auch die Mitte der kreisenden Bewegung. Üben Sie keinen Druck mit der Handwurzel aus, Ihre Finger würde sich versteifen, sodass Sie keine klaren Kreise mehr beschreiben könnten.

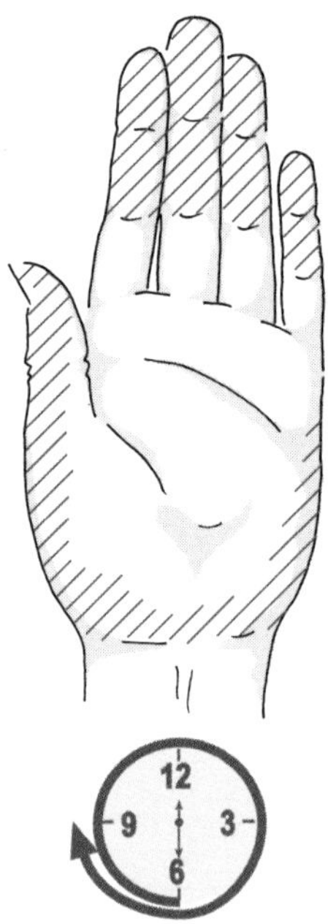

Schritt 2 Wenn Sie einen Kreis beendet haben, verbinden Sie ihn mit dem nächsten, indem Sie ein Stück auf dem Fell weitergleiten und neu beginnen. Nach drei bis vier TTouches können Sie eine achtsame Pause (siehe Seite 8) einlegen, dies schafft Aufmerksamkeit und gibt Zeit, die Information der TTouches zu verarbeiten und zu integrieren.

Hund

Wenn Ihr Hund ängstlich, nervös, introvertiert oder distanziert ist, wird er sich eventuell nicht so gerne berühren lassen. Bauen Sie durch sanfte Liegender Leopard TTouches auf der Stirn, neben und unter dem Maul sowie am Hals und am gesamten Körper Vertrauen auf.

Druckstärke: 1 bis 3

Dauer: 2 und 3 Sekunden

Anwendung: Angst, Nervosität, Verspannungen, Hüftdysplasie, Muskelkater

Körperbereiche: Kopf, Hals, Schultern, Rumpf, Beine

Mensch

Dieser TTouch eignet sich besonders für empfindliche Menschen, denen der Wolken Leopard TTouch zu aufdringlich erscheint. Er kann asthmatische Beschwerden im Brustbereich lindern. Hilfreich auch bei akuten Verletzungen, um Schmerzen zu lindern und eine Schwellung zu verhindern.

Druckstärke: 1 bis 4

Dauer: 2 und 3 Sekunden

Anwendung: Müdigkeit vertreiben; Verspannungen reduzieren; Schmerzen in den Kiefergelenken lindern; Unterstützung in der Schwangerschaft und bei der Geburt; bei Bauchschmerzen; Wundliegen vorbeugen; Schmerzen und Schwellungen beseitigen

Körperbereiche: Kopf, Rücken, Brust, Bauch, Gesäß, Hände, Füße

TIPP: UNTERSCHIEDE

Wenn Sie noch nicht so erfahren sind, fällt es Ihnen vielleicht schwer, zwischen den TTouches zu unterscheiden. Beim Liegender Leopard TTouch führen nur die vorderen Fingerglieder den Kreis aus, beim Muschel TTouch hingegen wird der Kreis mit der gesamten Handfläche gemacht. Der Liegende Leopard TTouch ist differenzierter, der Muschel TTouch weniger konzentriert, dafür aber sehr warm und tröstlich.

☞ MUSCHEL TTOUCH

Pferd

Die sanft aufliegende Hand vermittelt wohlige Wärme und Sicherheit und erzeugt ein Gefühl der Geborgenheit. Nervöse und ängstliche Tiere beruhigen sich, wenn man sie mit diesem TTouch verwöhnt. Muschel TTouches helfen die Atmung zu regulieren und in angespannten Situationen Stress zu reduzieren wie z. B. beim Tierarzt.

Zuordnung: Vertrauensbildender TTouch & Kreisender TTouch

Druckstärke: 1 bis 3

Dauer: 2 und 3 Sekunden

Anwendung: Vorbereitung auf den Sattel; bei Gurtdruck, beim Putzen; zum Pferdekopf senken; Halsmuskulatur entspannen; Darmgeräusche stimulieren; Atmung vertiefen

Körperbereiche: Hals, Rücken, Rumpf, Bauch, Innenseite der Schenkel

Ausführung

Schritt 1 Beim Muschel TTouch legen Sie Ihre Hand leicht auf den Körper. Die gesamte Handfläche bewegt die Haut, wie die Schraffierung in der Illustration zeigt. Das Zentrum der Bewegung ist die Mitte der Hand. Die Handfläche bewegt die Haut in einem Eineinviertel-TTouch-Kreis. Die zweite Hand dient als Verbindung und unterstützt die Balance mit klarem Kontakt.

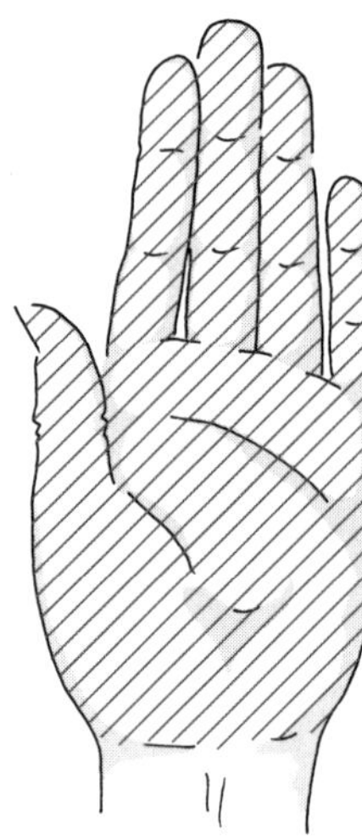

Schritt 2 Wenn Sie einen Kreis beendet haben, verbinden Sie ihn mit dem nächsten, indem Sie ein Stück auf dem Fell weitergleiten und neu beginnen. Nach drei bis vier TTouches können Sie eine achtsame Pause (siehe Seite 8) einlegen. Dies schafft Aufmerksamkeit und gibt dem Tier Zeit, die Information der TTouches zu verarbeiten und zu integrieren.

Hund

Mit dem Muschel TTouch stellen Sie einen Kontakt her, zum Beispiel zu Beginn der Behandlung. Ist Ihr Hund ängstlich, berührungsempfindlich, sensibel, krank oder alt, dann wird er besonders profitieren.

Druckstärke: 1 bis 2

Dauer: 2 und 3 Sekunden

Anwendung: Beginn der TTouch-Behandlung; Angst, Nervosität und Schmerzen reduzieren, Verspannungen lösen

Körperbereiche: Maul, Kopf, Schultern, Rücken

Mensch

Muschel TTouches vermitteln Wärme und Geborgenheit, vertiefen die Verbindung zwischen Partnern und lockern verspannte Muskelbereiche. Eine besondere Variante ist die Herzensumarmung (siehe unten).

Druckstärke: 1 bis 3

Dauer: 2 und 3 Sekunden

Anwendung: Angst, Beklemmungen, Nervosität, Stress, Muskelkrämpfe

Körperbereiche: Kopf, Brust, Rücken, Beine

LAMA TTOUCH

Pferd

Der Lama TTouch wird mit der Rückseite der Hand ausgeführt. Dieser TTouch wurde für ängstliche Tiere entwickelt, die befürchten, von einer geöffneten Hand angegriffen zu werden. Manche Menschen können die Kreisbewegung in dieser Form leichter ausführen als die anderen TTouches.

Zuordnung: Vertrauensfördernder TTouch & Kreisender TTouch

Druckstärke: 1 bis 3

Dauer: 2 und 3 Sekunden

Anwendung: Angst und Kopfscheu reduzieren; Annäherung an ein fremdes Pferd; Schmerzen lindern

Körperbereiche: Kopf, Ohren, Hals, Rumpf, Beine

Ausführung

Schritt 1 Die Hand ist leicht gebogen und Sie nutzen für die Kreise die Rückseite der Finger, wie die Schraffierung in der Illustration zeigt. Ihre Handhaltung variiert, je nachdem, welchen Kontakt das Tier akzeptieren kann und wie Sie zum Tier platziert sind. Die Berührung beim Lama TTouch ist sehr leicht, aber so, dass Sie die Haut verschieben können.

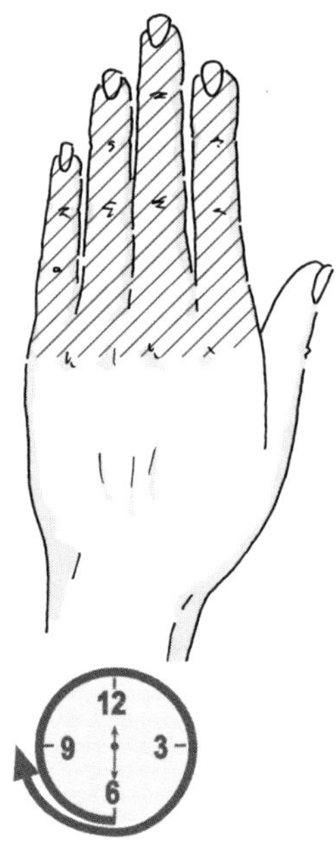

Schritt 2 Stellen Sie sich das Ziffernblatt einer Uhr vor und beginnen Sie bei 6 Uhr. Egal, wo Sie sich am Körper befinden, 6 Uhr zeigt immer in Richtung zum Boden. Führen Sie einen ganzen Kreis aus, also von 6 Uhr bis 6 Uhr und dann noch weiter bis 9 Uhr. Beenden Sie die Bewegung und halten Sie kurz inne. Gleiten Sie auf dem Fell ein Stückchen weiter, um den nächsten Eineinviertel-Kreis zu beginnen.

Hund

Der Lama TTouch wird besonders von sensiblen und berührungsempfindlichen Hunden als weniger bedrohlich empfunden. Diesen TTouch verwenden Sie am Anfang, bis Ihr Hund Vertrauen in Ihre Berührungen gefasst hat und Sie auch andere TTouches anwenden können.

Druckstärke: 1 bis 2

Dauer: 2 oder 3 Sekunden

Anwendung: Kontaktaufnahme, Nervosität, Berührungsempfindlichkeit

Körperbereiche: Kopf, Hals, Rücken, Hüften

Mensch

Das Geschenk dieses TTouches verdanken wir Lamas. Diese sensiblen Geschöpfe reagieren empfindlich auf alle TTouches im Gesicht. Der Handrücken ist weniger bedrohlich als die Handfläche, die zugreifen zu wollen scheint. Muschel TTouch ist hilfreich bei Menschen, die nervös oder ängstlich sind oder sich durch Berührungen zunächst unwohl fühlen.

Druckstärke: 1 bis 3

Dauer: 2 und 3 Sekunden

Anwendung: Nervosität, Angst, Unsicherheit, Schmerzen

Körperbereiche: Gesicht, Rücken, Bauch, Beine, Gelenke

AUFGEROLLTE PYTHON TTOUCH

Pferd

Dieser TTouch ist eine Kombination aus einem kreisenden TTouch wie Muschel TTouch oder Liegender Leopard TTouch und einem anschließenden Python TTouch, bei dem die Haut sanft hebend nach oben und unten begleitet wird.

Zuordnung: Vertrauensbildender TTouch & Hebender TTouch

Druckstärke: 1 bis 3

Dauer: 2 Sekunden zur Anregung, 3 bis 4 Sekunden zur Entspannung

Anwendung: Muskulatur und Krämpfe lösen; Koordination und Bewusstsein in den Beinen verbessern; Schreckhaftigkeit, Nervosität und Stress vermindern

Körperbereiche: Beine, Innenseite der Schenkel, Rücken

Ausführung

Schritt 1 Führen Sie einen TTouch-Basis-Kreis aus (Liegender Leopard TTouch siehe Seite 14 oder Muschel TTouch siehe Seite 16). Bewegen Sie die Haut von 6 Uhr über 6 Uhr bis 9 Uhr. Bei 9 Uhr schieben Sie die Haut, ohne sie zu überdehnen, senkrecht nach oben. Pausieren Sie dort zwei bis maximal vier Sekunden und begleiten Sie die Haut anschließend langsam wieder nach unten, bis 6 Uhr auf dem imaginären Zifferblatt. Die zwei Formen des Atemrhythmus, wie unten beschrieben, vertiefen den entspannenden oder aktivierenden Effekt.

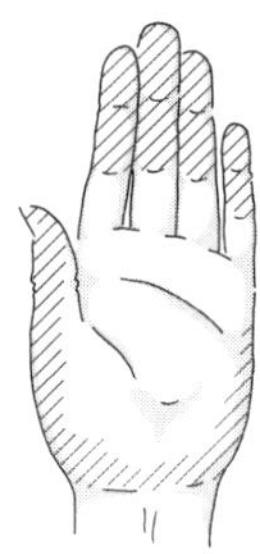

Schritt 2 Führen Sie zwischen den TTouches eine zarte streichende Bewegung aus bis zu der Stelle, wo der nächste TTouch beginnen soll. An den Beinen führen Sie die TTouches senkrecht zum Boden aus und am Rücken parallel zur Wirbelsäule.

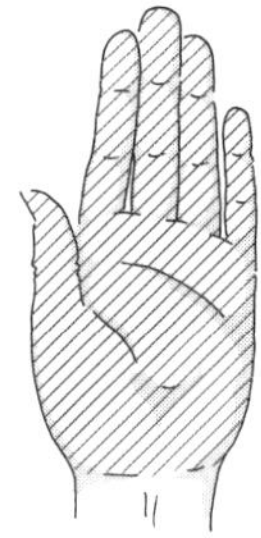

Hund

Während des kreisenden TTouches wird der Fokus des Hundes geweckt. Beim ausführenden Mensch kommt das Gehirn in den Zustand des „awakended-mind-states". Der anschließende Python TTouch vertieft die Atmung und sorgt für entspannte Aufmerksamkeit.

Druckstärke: 1 bis 3

Dauer: 2 und 3 Sekunden

Anwendung: Angst und Unsicherheit reduzieren, die geistige, emotionale und körperliche Balance fördern

Körperbereiche: Schultern, Beine, Hüfte, Rücken

Mensch

Python TTouches sind hervorragend geeignet, um Muskelverspannungen zu lockern, fügt man aber vorab noch einen Kreis dazu, wird an der betroffenen Körperstelle ein besonderer Fokus geschaffen, ein stärkerer Grad an Entspannung, Verbindung und tieferer Atmung.

Druckstärke: 1 bis 3

Dauer: 2 und 3 Sekunden

Anwendung: Anspannung, Angst, Rückenschmerzen, Einschlafprobleme

Körperbereiche: Kopf, Arme, Rücken, Beine, Füße

TIPP: ATEMRHYTHMUS

Passen Sie Ihren Atemrhythmus der Bewegung an. Eine Möglichkeit ist, während der Aufwärtsbewegung einzuatmen und bereits beim Pausieren und Halten mit dem Ausatmen zu beginnen. Nach etwa dem halben Ausatmen, begleiten Sie die Haut nach unten und atmen den Rest der Luft aus. Dies hat einen sehr entspannenden Effekt. Wollen Sie das Tier oder sich selbst aktivieren, zum Beispiel vor dem Sport, dann atmen Sie beim Anheben ein und beim Herunterbegleiten aus. Die Pause vor dem Herunterbewegen entfällt in diesem Fall.

RAUPEN TTOUCH

Pferd

Mit diesem angenehmen, entspannenden TTouch, der mit beiden Händen ausgeführt wird, kann man Hals und Schultern lösen. Im Verlauf dieser Arbeit wird das Pferd bald den Kopf auf Widerristhöhe sinken lassen.

Zuordnung: Bewusstseinsfördernder TTouch & Hebender TTouch

Druckstärke: 2 bis 3

Dauer: unterschiedlich je nach Wirkung und Körperbereich

Anwendung: Entspannung fördern; Verspannungen in Hals und Schulter lösen; Pferdekopf senken

Körperbereiche: Mähnenkamm

Ausführung

Schritt 1 Legen Sie beide Hände in einem Abstand von fünf bis zehn Zentimetern auf den Mähnenkamm. Verwenden Sie nur so wenig Druck, dass sich die Haut gerade eben verschieben lässt. Arbeiten Sie gleichzeitig mit beiden Händen, indem Sie die Hände erst sanft und langsam zusammenschieben, kurz pausieren und anschließend die Haut wieder in ihre Ausgangsposition zurückbegleiten. Das Auseinanderführen der Hände soll dabei etwa doppelt so lange dauern wie das Zusammenschieben, dies begünstigt den entspannenden Effekt.

Schritt 2 Führen Sie den nächsten Raupen TTouch ein Stück daneben in Richtung Kopf oder in Richtung Widerrist aus. Ihre die Bewegungen begleitende Atmung kann die Entspannung noch vertiefen. Atmen Sie beim Zusammenschieben ein, beginnen Sie mit dem Ausatmen während der Pause und beenden Sie es während des Zurückbegleitens der Haut. Sie können den gesamten Mähnenkamm mit Raupen TTouches behandeln.

Hund

Der Raupen TTouch hilft Hunden mit Verspannungen im Schulter-, Rücken- und Halsbereich oder bei Nervosität und Ängstlichkeit. An den Gelenken in Druckstärke 1 ausgeführt, kann Raupen TTouch Arthroseschmerzen lindern.

Druckstärke: 1 bis 2

Dauer: unterschiedlich je nach Wirkung und Körperbereich

Anwendung: Verspannungen, Angst, Nervosität, Schmerzen

Körperbereiche: Kopf bis Hüfte, Gelenke

Mensch

Der Raupen TTouch wird im Bereich von Nacken, Schulter und Armen angewandt und hilft dabei, Verspannungen und Schmerzen zu lösen.

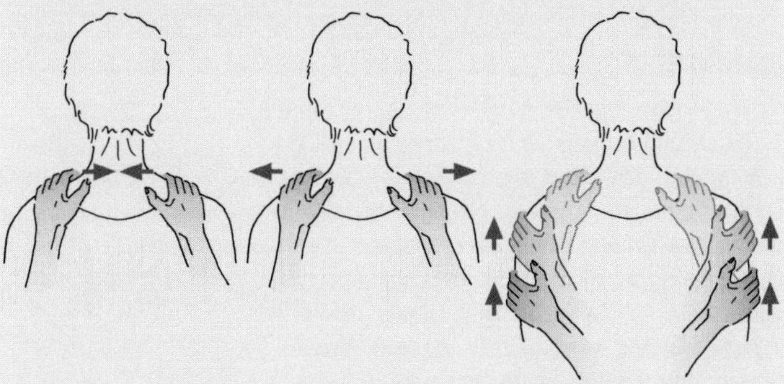

Druckstärke: 1 bis 4

Dauer: unterschiedlich je nach Wirkung und Körperbereich

Anwendung: Verspannungen, Kopfschmerzen, Rückenschmerzen

Körperbereiche: Nacken, Schultern, Arme

☞ TARANTEL TTOUCH

Pferd

Der Tarantel TTouch, mit vollem Namen „Tarantel, die den Pflug zieht" genannt, ist eine abgewandelte, leichtere Form des Hautrollens. Er kann beruhigend oder aktivierend wirken, je nach Art der Anwendung.

Zuordnung: Bewusstseinsfördernder TTouch & Streichender TTouch

Druckstärke: 2 bis 4

Dauer: unterschiedlich je nach Wirkung und Körperbereich

Anwendung: Berührungsempfindlichkeit verbessern; Durchblutung fördern; Schreckhaftigkeit und Nervosität beseitigen; Juckreiz stillen

Körperbereiche: Rumpf, am Rücken parallel zur Wirbelsäule, Gurtbereich bis Flanke. Genick bis Schulter, Ellbogen bis Huf, Kniegelenk bis Huf

Ausführung

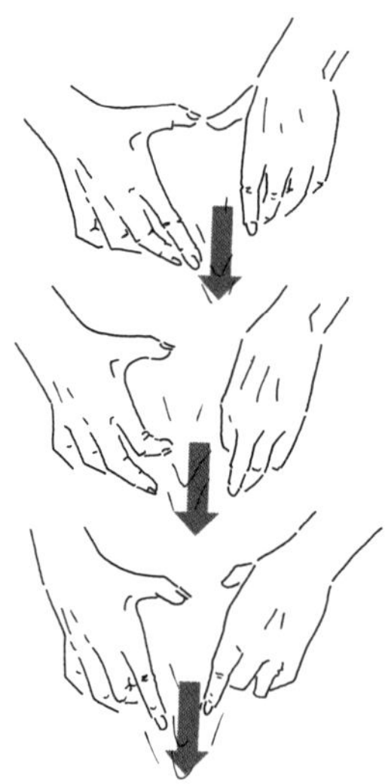

Schritt 1 Üben Sie zuerst mit einer Hand: Lassen Sie Mittel- und Zeigefinger im Abstand von ca. 2 bis 3 cm über den Fingernagel hinweg in kleinen Schritten „spazieren gehen". Gelingt Ihnen dies mit den zwei Fingern einer Hand, versuchen Sie die Bewegung für beide Hände nebeneinander zu koordinieren. Platzieren Sie beide Hände nebeneinander, die Finger gewölbt, die Daumen gerade. Die Handgelenke sind einige Zentimeter vom Pferdekörper entfernt.

Schritt 2 Führen Sie mit Mittel- und Zeigefingern kleine Schritte nach vorne aus und ziehen Sie die leicht abgespreizten Daumen nach, sodass im Fell eine schmale Furche entsteht – wie beim Pflug auf dem Acker. Bewegen Sie sich in Fellrichtung oder quer dazu, weniger in Gegenrichtung. Mit den langen Linien schaffen Sie eine Verbindung im ganzen Pferdekörper. Die Finger aktivieren Nervenreize; die hinterher folgenden Daumen erzeugen eine beruhigende Wirkung. Wo die Haut zu straff ist, um sich anheben oder eine Furche entstehen zu lassen, ziehen Sie einfach die Daumen nach und visualisieren eine klare Verbindung zum Körper.

Hund

Tarantel TTouch reduziert Berührungsempfindlichkeit, steigert die Durchblutung und ist hilfreich für Hunde, die nervös auf Berührungen reagieren und kein gutes Körpergefühl haben. Sie vertiefen das Vertrauensverhältnis zu Ihrem Hund.

Druckstärke: 1 bis 3

Dauer: unterschiedlich je nach Wirkung und Körperbereich

Anwendung: Angst, Nervosität, Berührungsempfindlichkeit, Durchblutung anregen

Körperbereiche: Kopf, Schultern, Rücken, Beine

Mensch

Tarantel TTouch kann sowohl beruhigend als auch kräftigend sein, je nachdem, ob Sie die Bewegung mit „gehenden Fingern" langsam oder schnell ausführen, wobei die langsame Bewegung die entspannende ist. Probieren Sie den Tarantel TTouch bei sich oder einem anderen Menschen aus und spüren Sie selbst die Wirkung.

Druckstärke: 1 bis 4

Dauer: unterschiedlich je nach Wirkung und Körperbereich

Anwendung: Kopfschmerzen, Bettlägerigkeit, Nervosität, Verspannungen

Körperbereiche: in langen Linien von Fuß bis Kopf, Arme, Rücken, Beine

DAS LECKEN DER KUHZUNGE

Pferd

Das Lecken der Kuhzunge gehört zu den streichenden TTouches. Die Bewegungen erzeugen eine angenehme Verbindung von Bauch zum Rücken, verbessern die Geschmeidigkeit in den Bewegungen, regen die Durchblutung an und vertiefen das Bewusstsein für den Körper.

Zuordnung: Vertrauensbildender TTouch & Streichender TTouch

Druckstärke: 1 bis 3

Dauer: unterschiedlich je nach Wirkung und Körperbereich

Anwendung: Rücken heben; Muskulatur entspannen; Muskelkater lindern; Koordination verbessern; Berührungsempfindlichkeit reduzieren

Körperbereiche: Bauch bis Rücken, Schultern, Kruppe quer zum Fellverlauf

Ausführung

Schritt 1 Stellen Sie sich auf Gurthöhe neben das Pferd. Legen Sie eine Hand auf den Pferderücken und beginnen Sie mit der anderen das Lecken der Kuhzunge ungefähr in der Bauchmitte. Um besser das Gleichgewicht zu halten, können Sie auch beide Hände flach auf die Bauchmitte legen und mit der einen nach oben streichen, während die andere unten liegen bleibt. Ziehen Sie die Hand mit einem langen, sanften, gleichmäßigen Strich durchs Fell auf sich zu. Ungefähr auf der Mitte des Rumpfes müssen Sie die Hand leicht drehen, sodass die Finger von da an nach oben zeigen. Schieben Sie die Hand weiter nach oben bis zur Wirbelsäule. Streichen Sie über die Wirbelsäule hinweg.

Schritt 2 Den nächsten Strich beginnen Sie eine Handbreit, ca. 10 cm hinter dem vorigen. Probieren Sie verschiedene Druckstärken und Geschwindigkeiten aus und arbeiten Sie gleichmäßig an beiden Seiten des Pferdes. Die Striche über den Rumpf sollten den gesamten Bereich vom Ellbogen bis zur Flanke abdecken.

Hund

Das Lecken der Kuhzunge wirkt sowohl entspannend als auch belebend, je nachdem, ob Sie die flache Hand zum Beruhigen oder die leicht gebeugten Finger mit den Nägeln zum Beleben einsetzen. Beginnen Sie an der Schulter und fahren Sie mit Ihren gespreizten und leicht gewölbten Fingern langsam und zart durch das Fell, folgen Sie achtsam der Körperform.

Druckstärke: 1 bis 3

Dauer: unterschiedlich je nach Wirkung und Körperbereich

Anwendung: Verspannung, Müdigkeit, Muskelkater, Körperbewusstsein und Durchblutung fördern

Körperbereiche: Schultern und Bauch bis Rücken

Mensch

Dieser TTouch ist vielfältig einsetzbar. Er stimuliert, entspannt und beruhigt gleichzeitig und kann bei vielen Problemen angewandt werden. Zum Beispiel zur Lockerung der Muskeln einer Person, die gerade hart trainiert oder einen Tag am Computer hinter sich hat, zum Lindern von Schmerzen durch Wundsein, zur Stimulation und Erfrischung bei Ermüdung, bei Verspannungen im Rücken.

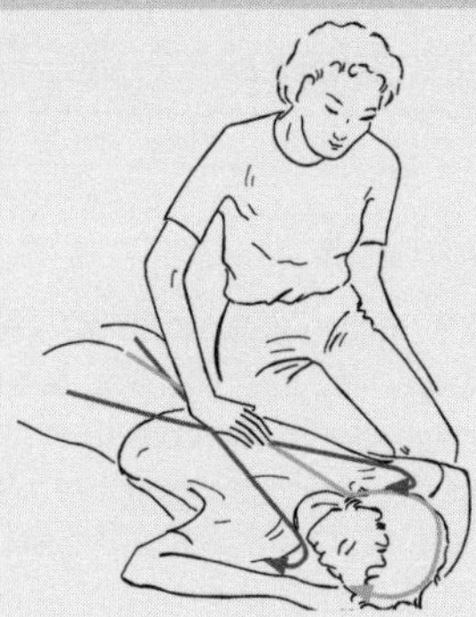

Druckstärke: 1 bis 3

Dauer: 3 bis 4 Mal mit flacher Hand oder den Fingerspitzen

Anwendung: Nervosität, Verspannung, Rückenschmerzen, Kopfschmerzen, Einschlafprobleme, Müdigkeit

Körperbereiche: Rücken

☞ ZICKZACK TTOUCH

Pferd

Der Zickzack TTouch bietet eine Möglichkeit, sich mit einem neuen Pferd oder einem, das noch nicht viel Umgang mit Menschen hatte, auf angenehme Weise bekannt zu machen. Das Gefühl erinnert sehr an das gegenseitige Putzen, wenn Pferde sich wechselseitig mit den Zähnen am Widerrist und am Rücken kratzen.

Zuordnung: Bewusstseinsfördernder TTouch & Streichender TTouch

Druckstärke: 2 bis 3

Dauer: einige Minuten

Anwendung: Kennenlernen, unter dem Sattel nach dem Reiten, Verspannungen im Rücken lindern, aktivierend oder entspannend je nach Tempo und Handhaltung

Körperbereiche: Hals, Rücken, Kruppe, Bauchnaht

Ausführung

Schritt 1 Beim Zickzack TTouch zeichnet die Hand mehrere Zacken in Strichen auf den Körper. Dabei fährt Ihre Hand gespreizt beim Hin und zusammengeführt beim Her durch die Haare. Halten Sie Ihr Handgelenk gerade und Ihre Finger locker. Am Rücken verlaufen die Striche über eine Breite von ca. 30 cm rechts und links von der Wirbelsäule entfernt.

Schritt 2 Führen Sie die Striche anfangs zügig aus, wenn Sie mit einem unruhigen Pferd arbeiten. Achten Sie darauf, nach und nach etwas langsamer zu werden. Um einen ruhiges Tier nach einer entspannenden TTouch-Sitzung oder vor dem Reiten zu aktivieren, vollziehen Sie die Striche zügiger.

Hund

Durch das Wechseln der Strichrichtungen wird sowohl mit als auch gegen die Fellrichtung durch die Haare gestrichen. Der ganze Rumpf des Hundes wird dadurch aktiviert. Für nervöse oder hyperaktive Hunde ist der Zickzack TTouch eine gute Möglichkeit, ihre Aufmerksamkeit zu gewinnen. Er wird eine Verbindung zwischen den Körperregionen geschaffen.

Druckstärke: 1 bis 3

Dauer: Tempo je nach Zielsetzung, einige Minuten

Anwendung: Nervosität, Hyperaktivität, Aktivierung oder Entspannung

Körperbereiche: Rücken, Rumpf

Mensch

Dieser TTouch ist vielfältig einsetzbar. Er stimuliert, entspannt und beruhigt gleichzeitig und kann bei vielen Problemen angewandt werden. Zum Beispiel zur Lockerung der Muskeln einer Person, die gerade hart trainiert oder einen Tag am Computer hinter sich hat, zum Lindern von Schmerzen durch Wundsein, zur Stimulation und Erfrischung bei Ermüdung, bei Verspannungen im Rücken.

Druckstärke: 1 bis 3

Dauer: je nach Zielsetzung

Anwendung: Verspannungen, Schmerzen, Müdigkeit, Stress

Körperbereiche: Nacken, Schultern, Rücken, Lendenbereich

HAARGLEITEN

Pferd

Haargleiten wirkt entspannend auf Sie und das Pferd und ist eine angenehme und gute Erfahrung. Es ist hilfreich für Pferde, die auf das Putzen vorbereitet werden oder die beim Bürsten oder Einflechten Stresssymptome zeigen. Über die Haarwurzel besteht eine Verbindung zum Nervensystem, daher ist dieser TTouch auch hilfreich bei neurologischen Problemen.

Zuordnung: Bewusstseinsfördernder TTouch & Körperteil-TTouch

Druckstärke: 1 bis 3

Dauer: je nach Haarlänge

Anwendung: Einflechten vorbereiten; Hals, Schultern und Rücken entspannen; Durchblutung fördern

Körperbereiche: Schopf, Mähne, Schweif

Ausführung

Schopf Stellen Sie sich vor das Pferd und fordern Sie es auf, den Kopf zu senken. Umfassen Sie den Schopf an der Basis zwischen den Pferdeohren, machen Sie damit eine kreisende Bewegung an der Basis und gleiten Sie dann an den Haaren nach unten. Wiederholen Sie diesen Ablauf mehrmals nacheinander.

Mähne Nehmen Sie einen Mähnenbüschel von 2 bis 3 cm Breite und streichen Sie ihn vom Ansatz bis zu den Spitzen senkrecht nach oben aus. Dies ist besonders nützlich bei Pferden, die sich gegen das Verziehen oder Ausdünnen der Mähne durch Ausreißen kleiner Strähnen wehren. Teilen Sie die Mähne in Abschnitte von 2 bis 3 cm Breite, nehmen Sie jeweils ein Büschel in die Hand und streichen Sie es mit leichtem Zug nach unten vom Ansatz bis zu den Spitzen aus, wobei Sie den Mähnenkamm leicht kippen. Streichen Sie ein Büschel nach rechts, das nächste nach links hinunter aus. Zur optimalen Entspannung sollte das Pferd den Hals ungefähr waagrecht halten. Beginnen Sie dort, wo es dem Pferd am angenehmsten ist, im Allgemeinen in der Mähnenmitte.

Schweif Stellen Sie sich außerhalb der Gefahrenzone neben das Pferd. Halten Sie den Schweif mit einer Hand, nehmen Sie eine dünne Strähne

Schweifhaare in die andere und streichen Sie diese langsam bis zu den Spitzen aus. Dies hat eine neurologisch beruhigende Wirkung und ist besonders hilfreich bei Pferden, die Angst vor Bewegungen hinter sich haben.

Hund

Haargleiten ist eine angenehme und gute Erfahrung und hilfreich für Hunde, die auf das Bürsten und Trimmen vorbereitet werden oder Angst vor der Fellpflege haben

Druckstärke: 1 bis 2

Dauer: je nach Haarlänge

Anwendung: Trimmen vorbereiten; Stress, Angst, Bellen und Winseln reduzieren; Durchblutung fördern

Körperbereiche: Kopf, Schultern, Rücken

Mensch

An einer Haarsträhne wird mit den Fingern senkrecht nach oben entlanggestrichen. Bei langen Haaren jeweils nur einige Zentimeter. Man kann die Person fragen, ob sie leichteres oder festeres Gleiten bevorzugt.

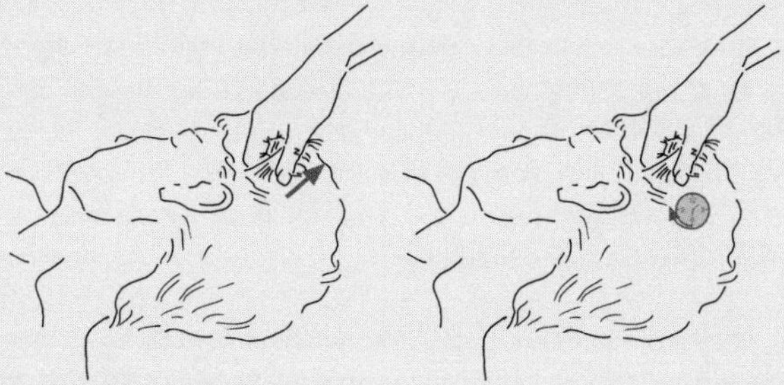

Druckstärke: 1 bis 2

Dauer: je nach Haarlänge

Anwendung: Stress, Angst, Kopfschmerzen, Kopfhautjucken, Schlafstörungen, Durchblutung fördern

Körperbereiche: Kopf

☞ MAUL TTOUCH

Pferd

Das Pferdemaul steht in direkter Verbindung mit dem limbischen System. Es ist das Zentrum im Gehirn, das die Emotionen kontrolliert, es wird auch als das „Tor zum Lernen" bezeichnet. TTouches an Maul, Zahnfleisch und Nüstern bewirken positive Veränderungen in der Einstellung und der emotionalen Reaktion.

Zuordnung: Vertrauensbildender TTouch & Körperteil-TTouch

Druckstärke: 2 bis 3

Dauer: je nach Zielsetzung, ca. 5 Minuten

Anwendung: Wurmkuren und Elektrolyte verabreichen; Zahnbehandlungen und Tragen eines Maulstücks vorbereiten; Beißen, Kopfschlagen, Angst und Widersetzlichkeit reduzieren; Allergien lindern; unberechenbares Verhalten und fehlende Kooperationsbereitschaft im Training verändern

Körperbereiche: Nüstern, Maul, Lippen, Zunge

Ausführung

Schritt 1 Stellen Sie sich in Blickrichtung neben das Pferd und halten Sie das Halfter mit einer Hand. Beginnen Sie mit kreisenden Bewegungen der flachen Hand (Liegender Leopard TTouch Seite 14) rund um das Pferdemaul herum und am Kinn. Die Ränder der Nüstern werden sanft in alle Richtungen gedehnt. Der Daumen liegt außen und die Zeigefinger führen innen am Nüsternrand vorsichtig kleine Kreise aus.

Schritt 2 Kneten Sie sanft die Unterlippe zwischen dem Daumen innen und mit den Fingern außerhalb. Beginnen Sie an einem Maulwinkel und arbeiten Sie sich mit Kreisen an der Unterlippe entlang. Befeuchten Sie Ihre Hand mit Wasser, bevor Sie vier oder fünf Mal waagerecht über das Zahnfleisch am Oberkiefer reiben. Mit ein wenig Übung wird Ihr Pferd dies bald genießen lernen.

Hund

Hunde, die schnappen, beißen oder sich aggressiv gegenüber anderen Hunden und Menschen verhalten, reagieren besonders positiv auf die Maul TTouches und verändern ihr Verhalten. Es versteht sich von selbst, dass nur erfahrene Tellington-Trainer mit aggressiven Tieren arbeiten.

Druckstärke: 1 bis 3

Dauer: je nach Zielsetzung

Anwendung: Angst, Stress, Nervosität, Hyperaktivität, unkontrolliertes Bellen und Winseln

Körperbereiche: Kinn, Maul, Zahnfleisch

Mensch

Kreisendende TTouches rund um den Mund und an den Lippen sind hilfreich, um sich in stark emotionalen Momenten selbst zu beruhigen. Nervöse Babys können beruhigt, Schmerzen beim Zahnen gelindert und das Lernvermögen gesteigert werden.

Druckstärke: 1 bis 4

Dauer: je nach Zielsetzung

Anwendung: Angst, Stress, Aggression, Wut, Nervosität, Schmerzen, Zahnschmerzen

Körperbereiche: Kinn, Lippen, Mund

OHREN TTOUCH

Pferd

Mit Ohren TTouches wird der Dreifache-Erwärmer-Meridian aktiviert. Dies ist eine Akupressur-Leitbahn, die rund ums Ohr verläuft und sich über die Schulter das Vorderbein hinunter bis zum Huf zieht. Die Verdauungs-, Atmungs- und Fortpflanzungsorgane werden darüber positiv beeinflusst.

Zuordnung: Gesundheitsfördernder TTouch & Körperteil-TTouch

Druckstärke: 1 bis 5

Dauer: 5 Minuten, vor dem Reiten, zur Anregung und zum Aufwärmen zügig ausstreichen

Anwendung: Nervosität, Angst, Müdigkeit und Erschöpfung vermindern; Puls, Atmung und Körpertemperatur regulieren; Schmerz oder Schock infolge von Verletzung oder Kolik reduzieren, bis der Tierarzt eintrifft; Immunsystem stärken

Körperbereiche: Ohren

Ausführung

Schritt 1 Lassen Sie das Pferd mit der Hand am Nasenriemen des Halfters den Kopf senken und streichen Sie mit dem Handrücken über das Ohr von der Stirn bis zum Genick. Lässt sich das Pferd nicht gern in der Ohrregion berühren, beginnen Sie mit Liegender Leopard TTouches (Seite 14) oder Muschel TTouches (Seite 16) über der Stirn.

Schritt 2 Streichen Sie der Hand von der Genickmitte über den Ohransatz fließend über das Ohr und beenden Sie die Bewegung, indem Sie die Ohrspitze zwischen Fingern und Daumen leicht zusammendrücken, bevor Sie die Hand wegnehmen. Wiederholen Sie das Ausstreichen mehrfach und führen Sie es an beiden Ohren aus.
Hat sich das Pferd an das Ausstreichen der Ohren gewöhnt, fahren Sie mit dem Daumen an der Innenseite des Ohrs entlang, während Sie über die Außenseite streichen.

Hund

Bei Verdauungsproblemen jeglicher Art, Übelkeit, Verstopfung oder Durchfall ist der Ohren TTouch eine große Hilfe, begleitend zur tierärztlichen Behandlung. Einen positiven Einfluss auf viele wichtige Körperprozesse und regen das Immunsystem und die Selbstheilungskräfte des Hundes an.

Druckstärke: 1 bis 3

Dauer: zur Anregung zügig, gleichmäßig rhythmisch und etwas kräftiger; zur Entspannung langsam und sanft

Anwendung: Schock, Schmerzen, Übelkeit, nach Operationen, Nervosität, Hyperaktivität

Körperbereiche: Ohren

Mensch

Viele positive Erfahrungen zeigen, dass in Fällen wie z.B. bei Schock oder Kreislaufproblemen Ohren TTouch Leben retten kann, bevor der Arzt eintrifft.

Druckstärke: 1 bis 4

Dauer: zügig und gleichmäßig rhythmisch über das ganze Ohr

Anwendung: Müdigkeit, Schlaflosigkeit, Brechreiz, Bauchschmerzen, Verstopfung, Menstruationsbeschwerden und -krämpfe, Erkältung, Kopfschmerzen, Migräne, Kater, Körpertemperatur regulieren

Körperbereiche: Ohren

☞ BEINKREISEN

Pferd

Täglich zwei Minuten Beinkreise an jedem Bein verbessern das Gleichgewicht und die Trittsicherheit und verlängern die Tritte. Die Kreisbewegungen wirken entspannend auf Schulter-, Hals-, Rücken- und Hinterhandmuskulatur.

Zuordnung: Vertrauensbildender TTouch & Körperteil-TTouch

Dauer: 2 Minuten pro Bein

Anwendung: Gleichgewicht verbessern; Hufeauskratzen oder Beschlagen vorbereiten; Geschmeidigkeit verbessern; Neigung zum Stolpern abstellen; Verspannungen in der Schulter, im Hals und im Rücken lösen; vor Reiten, Konditionstraining oder Wettbewerben aufwärmen; Steifheiten in Beinen oder im Rücken aufspüren und reduzieren; während Boxenruhe zur schonenden Aktivierung

Körperbereiche: Vorder- und Hinterbeine

Ausführung

Schritt 1 Stellen Sie sich mit Blick zur Hinterhand neben die Vorhand des Pferdes und streichen Sie mit dem Handrücken das Bein hinunter. Kratzen Sie mit dem Fingernagel oberhalb des Fesselkopfes, ein Signal, damit das Pferd sein Gleichgewicht auf die anderen drei Beine verlagert. Umfassen Sie das Fesselgelenk mit der inneren Hand. Stützen Sie den Huf mit der anderen Hand ab, den Daumen an den Trachten und die Finger um die Vorderseite des Hufs. Halten Sie die Hufsohle senkrecht zum Boden. Bewegen Sie das Bein mehr mit Becken, Knien und Füßen als mit den Armen im Kreis. Halten Sie den Rücken gerade, um übermäßige Belastung zu vermeiden. Lassen Sie den Huf in beide Richtungen um den Punkt kreisen, an dem er vorher am Boden gestanden hat. Die Bewegung soll horizontal sein – zum anderen Bein hin, vorwärts, nach außen und nach hinten. Machen Sie jeweils zwei Kreise in jeder Richtung und in unterschiedlicher Höhe. Machen Sie abschließend einen Kreis unmittelbar über dem Boden und tippen Sie die Hufspitze kurz auf.

Schritt 2 Wenn das Pferd die Übung kennt und sich entspannt, tippen Sie die Hufspitze mehrfach kurz auf den Boden. Halten Sie den Huf mit einer

Hand am Fesselgelenk und der anderen seitlich am Huf fest, damit das Pferd ein Gefühl dafür entwickelt, den Huf ohne Gewichtsbelastung auszubalancieren.

Hund

Beinkreisen ist sehr hilfreich für nervöse Hunde, die extrem auf laute Geräusche und Gewitter reagieren oder Angst vor rutschigen Untergründen haben.

Dauer: ca. 2 Minuten jedes Bein

Anwendung: Nervosität, Angst, Trittunsicherheit, Verspannungen

Körperbereiche: Vorder- und Hinterbeine

Mensch

Auch beim Menschen werden die Beine kreisend bewegt und es ist wirkungsvoll, kreisende TTouches wie Wolken Leopard TTouch, Liegender Leopard TTouch und Muschel TTouch in verbundenen Linien an den Beinen und Füßen auszuführen.

Druckstärke: 1 bis 4

Dauer: 1 und 2 Sekunden

Anwendung: Wolken Leopard TTouch, Liegender Leopard TTouch und Muschel TTouch bei Schmerzen, Durchblutungsstörungen, Krämpfen, Muskelkater

Körperbereiche: Beine und Füße

BAUCHHEBEN

Pferd

Oft wird nach dem Unterschied zwischen Rückenheben und Bauchheben gefragt. Beide Hebebewegungen wirken auf die Bauch- und Rückenmuskeln. Das Bauchheben hat das Ziel, den Rücken zeitweilig von dem Zug nach unten zu entlasten. Beim Rückenheben soll das Pferd die Bauchmuskeln anspannen und selbst den Rücken anheben (Rückenheben Seite 40).

Zuordnung: Bewusstseinsfördernder TTouch & Körperteil-TTouch

Druckstärke: 1 bis 5

Dauer: 5 Sekunden heben und halten und 10 Sekunden nachlassen; bei Kolik 2 bis 4 Sekunden anheben, 2 bis 4 Sekunden halten, 2 bis 4 Sekunden nachlassen

Anwendung: Koliksymptome und Krämpfe lindern; Darmtätigkeit und Darmgeräusche aktivieren; Gurt- und Sattelzwang beseitigen, junge Pferde auf das Satteln vorbereiten; Rückenschmerzen und Kitzligkeit verbessern

Körperbereiche: Bauch

Ausführung

Schritt 1 Nehmen Sie ein auf 15 bis 20 cm Breite gefaltetes Tuch oder einen breiten Sattel- oder Longiergurt. Beginnen Sie kurz hinter den Vorderbeinen. Ein Helfer hält das Tuch auf der anderen Seite fest, während Sie es auf Ihrer Seite so weit anheben, wie Sie können. Halten Sie es in dieser Position ungefähr 5 Sekunden und lassen Sie langsam nach – das langsame Nachlassen ist für die angestrebte Wirkung von größter Bedeutung. Idealerweise sollte das Nachlassen doppelt so lange dauern wie das Anheben. Zeigt das Pferd Unwillen, heben Sie das Tuch weniger an oder verwenden eine elastische Bandage.

Schritt 2 Verschieben Sie das Tuch 10 bis 15 cm in Richtung Hinterhand und wiederholen Sie das Bauchheben. Bewegen Sie sich so weit auf die Flanken zu, wie das Pferd es zulässt (manche Pferde sind hier sehr kitzlig). Wiederholen Sie drei oder vier Mal, jedes Mal am Ellbogen beginnend.

Hund

Bei Verdauungsbeschwerden und Bauchschmerzen kann das Bauchheben Linderung verschaffen. Wenn der Bauch sehr gespannt ist, machen Sie nur eine ganz kleine Hebebewegung. Ist Ihrem Hund schon die Berührung mit der Hand unangenehm, benutzen Sie zum Heben eine elastische Bandage.

Druckstärke: 1 bis 3

Dauer: je nach Zielsetzung

Anwendung: Hyperaktivität, Angst, Aggression, Verdauungsproblemen, Nervosität, tragende Hündinnen, Arthrose in den Beingelenken, Rückenproblemen oder Problemen beim Aufstehen. **Achtung:** Nicht anwenden bei einem Bandscheibenvorfall

Körperbereiche: Bauch

Mensch

Sanftes Bauchheben eignet sich für Schwangere und wird im Stehen ausgeführt. Mit zart hebenden und langsam lösenden Bewegungen wird die Spannung der Bauchdecke gemildert.

Druckstärke: 1

Dauer: je nach Wunsch

Anwendung: Schwangerschaft, Spannung, Bauchschmerzen

Körperbereiche: Bauch

TIPP: OHNE TUCH

Wenn Sie gar keine Hilfsmittel zur Verfügung haben, schieben Sie einen Arm – von der Hand bis zum Ellbogen – unter den Pferdebauch und heben den Bauch mit einem Druck aus der Hüfte heraus an – nicht mit der Schulter! Achtung: Sie dürfen den Arm nicht aus dem Rücken und den Schultern, sondern aus dem Becken und den Beinen heraus anheben.

☞ RÜCKENHEBEN

Pferd

Wenn es etwas gibt, was Sie jeden Tag für das Wohlbefinden Ihres Pferdes tun können, dann ist es das Rückenheben. Der Druck mit den Fingerspitzen bringt das Pferd dazu, die Bauchmuskulatur anzuspannen und den Rücken anzuheben. Wölbt sich die Oberlinie auf, senkt sich der Pferdekopf und der Hals entspannt sich.

Zuordnung: Bewusstseinsfördernder TTouch & Körperteil-TTouch

Druckstärke: 2 bis 5

Dauer: ein paar Mal vor und nach dem Reiten

Anwendung: den Pferdekopf senken; steife oder schmerzende Muskulatur entspannen; Hals verlängern; Hinterhand zum Untertreten animieren; Geschmeidigkeit und Biegsamkeit verbessern

Körperbereiche: Bauch, Rücken

Ausführung

Bereiten Sie das Pferd mit drei oder vier Liegender Leopard TTouches (Seite 14) entlang der Bauchnaht auf den Druck mit den Fingerspitzen vor, besonders wenn es kitzlig, verspannt oder in diesem Bereich empfindlich ist.

Schritt 1 Mit den Handflächen nach oben, die Finger gekrümmt und fest zusammengepresst, um sie stärker zu machen, drücken Sie die Fingernägel dicht neben der Bauchnaht in das Fell. Bei einem empfindlichen Pferd beginnen Sie mit den Fingerspitzen und gehen zu den Nägeln über, wenn sich der Rücken nicht nach oben bewegt. Nur kurz und impulsartig drücken und wieder loslassen, nicht dauernd drücken.

Schritt 2 Hat sich das Pferd erst einmal an die Übung gewöhnt, erzielen Sie oft mit der flachen Hand oder mit einer Aufwärtsbewegung der wie ein Rechen gespreizten Fingerspitzen die gleiche Reaktion.

Hund und Mensch

Bei Hund und Mensch wird Rückenheben nicht angewendet.

VORSICHT AUSSCHLAGEN

Ohne Vorbereitung kann es passieren, dass ein Pferd vor Überraschung ausschlägt, wenn es den Druck der Fingernägel spürt. Stehen Sie so weit vorn, dass Sie nicht getroffen werden, sollte das Pferd tatsächlich reflexhaft ausschlagen, wenn Sie zum ersten Mal den Rücken anheben wollen.

☞ SCHWEIF TTOUCH

Pferd

Sie können das Verhalten eines Pferdes ändern, wenn Sie es dazu bringen, seine Schweifhaltung zu verändern. Sämtliche Schweif TTouches intensivieren das Gefühl für den eigenen Körper. Besonders das Schweifziehen verstärkt die Verbindung vom Genick zum Schweif.

Zuordnung: Vertrauensbildender TTouch & Körperteil-TTouch

Druckstärke: 1 bis 4

Dauer: je nach Zielsetzung

Anwendung: Furcht vor Bewegung von hinten überwinden; Vertrauen aufbauen; rektale Untersuchungen, Thermometer, Spekulum oder Schweifriemen vorbereiten; den Pferdekopf senken; Ausschlagen verhindern; Stute auf Deckakt vorbereiten

Körperbereiche: Schweif

Ausführung

Schweifdrehen Seitwärts neben dem Pferd stehend machen Sie kleine Kreise, bis das Pferd den Schweif selbsttätig anhebt. Schieben Sie ca. 10 cm unterhalb des Schweifansatzes eine Hand unter die Schweifrübe. Die andere Hand legen Sie einige Zentimeter tiefer als die andere oben auf die Schweifrübe und drücken diese nach unten, während Sie sie mit der oberen anheben, sodass ein Bogen entsteht. Kreisen Sie die Schweifrübe in dieser Stellung mehrmals in beide Richtungen.

Schweif lockern Hierbei wird die Schweifrübe in beiden Händen gehalten und die Wirbel werden von oben nach unten einzeln vor- und zurückgekippt. Man kann es sich wie ein gegeneinander Verschieben der Glieder einer Perlenkette vorstellen. Ein Wirbel wird mit den Fingern nach oben bewegt, der nächste wird mit den Daumen nach unten geschoben.

Schweif ziehen Stellen Sie sich seitlich hinter das Pferd. Nehmen Sie die Schweifrübe fest in beide Hände und verlagern Sie Ihr Gewicht vom vorderen auf den hinteren Fuß. Bleiben Sie einige Sekunden lang in dieser Position und lassen Sie den Zug langsam nach, indem Sie Ihr Gewicht allmählich wieder nach vorn verlagern. Zwei oder drei Mal wiederholen.

Hund

Durch Ruten TTouches reduzieren Sie Angst, einschließlich vor lauten Geräuschen, Unterwürfigkeit, Unsicherheit und Aggressionen.

Beginnen Sie mit Liegenden Leopard TTouches rund um die Rutenbasis. Das Kreisen mit der Rute hilft den Ansatz zu lockern, was besonders bei Verspannungen in diesem Bereich wichtig ist. Dazu halten Sie die Rute mit einer Hand von unten nah an der Basis, die zweite Hand hält die Rute von oben direkt hinter der ersten, wenn Ihr Hund ruhig liegen bleibt. Falls Ihr Hund steht oder unruhig ist, unterstützen Sie mit einer Hand den Körper, die zweite Hand umschließt sanft die Rute von oben an der Rutenbasis. Führen Sie mit der Rute vorsichtig kleine Kreise in beide Richtungen aus.

Ein leichter Zug an der Rute in der Druckstärke 1 bis 3 bringt eine wohltuende Entlastung für die gesamte Wirbelsäule. Umschließen Sie die Rutenbasis mit einer Hand, ziehen Sie vorsichtig und sanft, pausieren Sie und geben Sie langsam wieder nach. Achten Sie darauf, bewusst zu atmen. Atmen Sie ein, wenn Sie den Zug ausführen, beginnen Sie mit dem Ausatmen, wenn Sie pausieren, und beenden Sie das Ausatmen während Sie nachgeben.

Druckstärke: 1 bis 3

Dauer: je nach Zielsetzung

Anwendung: Angst, Aggression, Rehabilitation nach Verletzungen, Spondylose, Hüftgelenksdysplasie, **Achtung**: Nicht anwenden bei einem Bandscheibenvorfall

Körperbereiche: Rute

Mensch

Beim Mensch wird der Schweif TTouch nicht angewendet.

TIPP: DARMGERÄUSCHE

Unterhalb der Schweifwurzel, direkt über dem After, gibt es einen Akupressurpunkt, der im Falle einer Gaskolik dazu beitragen kann, dass die Blähungen abgehen. Machen Sie an diesem Punkt langsame, nachdrückliche Kreise von ca. 3 cm Durchmesser, abwechselnd drückend und wieder loslassend.

NÜTZLICHE ADRESSEN

Tellington-Training weltweit

DEUTSCHLAND
www.tellington-methode.de
E-Mail: vorstand@tellington-methode.de
Tel.: 030 – 375 818 70

TTouch for You
Karin Petra Freiling
www.ttouchforyou.de
E-Mail: info@ttouchforyou.de
Tel.: 0 64 71 – 98 57 11

ÖSTERREICH
www.tellingtontraining.at
E-Mail: tteam.office@aon.at
Tel.: 06 64 – 12 50 252

SCHWEIZ
www.tellington-ttouch.ch
E-Mail: contact@tellington-ttouch.ch
Tel.: 071 - 64 00 175

NIEDERLANDE
www.tellingtonttouchtraining.nl
E-Mail: info@tellingtonttouchtraining.nl

GROSSBRITANNIEN
www.ttouchtteam.co.uk
E-Mail: sarahfischer@ttem.co.uk

USA
Linda Tellington-Jones
www.ttouch.com
E-Mail: info@tteam-ttouch.com

KANADA
Robyn Hood
www.ttouch.ca
E-Mail: ttouch@shaw.ca

SÜDAFRIKA
www.ttouch.co.za
E-Mail: echopin@icon.co.za

☞ QUELLEN

Tellington-Jones, Linda und Lieberman, Bobby: **Tellington Training für Pferde**, Das große Lehr- und Praxisbuch, Mit 10 Filmen; KOSMOS 2018

Tellington-Jones, Linda: **Tellington Training für Hunde mit DVD**, Das Praxisbuch zu TTouch und TTEAM; KOSMOS 2010

Tellington-Jones, Linda: **Tellington TTouch für Pferde**, Pferdegesundheit kompakt, KOSMOS 2014

Tellington-Jones, Linda und Taylor, Sybil: **TTouch for You!**, Gesundheit und Wohlgefühl mit dem Tellington TTouch; KOSMOS 2018

☞ BÜCHER UND FILME VON LINDA TELLINGTON-JONES

Tellington-Jones, Linda und Didier, Rebecca M.: **Reiten mit Körper, Geist und Seele**; KOSMOS 2015
Linda Tellington-Jones erklärt, welche Tellington TTouches Pferd und Reiter mental und körperlich stärken und wie ein ganzheitliches Reittraining aussieht. Auch als E-Book erhältlich.

Tellington-Jones, Linda und Lieberman, Bobby: **Tellington Training für Pferde**; KOSMOS 2018
In diesem großen Lehr- und Praxisbuch sind alle Methoden des Tellington Trainings übersichtlich und umfassend dargestellt. Linda Tellington-Jones bringt ihre jahrzehntelange Erfahrung ein, um eine harmonische Bindung zwischen Mensch und Pferd zu schaffen. Auch als E-Book erhältlich.

Tellington-Jones, Linda: **Tellington TTouch für Pferde**, Pferdegesundheit kompakt, KOSMOS 2014
Die positive Wirkung der Tellington TTouches auf die Gesundheit, das Wohlbefinden und das Verhalten von Pferden sind weltweit erprobt und nachweisbar. Hier findet jeder Reiter schnell und übersichtlich den richtigen TTouch zum Symptom oder Problem.

Tellington-Jones, Linda und Pabel, Andrea: **Pferde ausbilden mit dem Tellington Training**, TTouch, Bodenarbeit, Reiten; KOSMOS 2012
Linda Tellington-Jones stellt in diesem Ratgeber pferdegerechte Trainingskonzepte für Jung- und Problempferde vor. Die einzelnen Ausbildungsschritte werden übersichtlich und mit vielen Bildfolgen dargestellt: Tellington TTouches, praktische Bodenarbeit und behutsames Anreiten.

Tellington-Jones, Linda und Taylor, Sybil: **Die Persönlichkeit Ihres Pferdes**, Die Kunst, Charakter und Temperament Ihres Pferdes anhand seines Körperbaus zu bestimmen und positiv zu beeinflussen; KOSMOS 2008

DVD: **Reiten nach der TTEAM-Methode**, Neue Wege für bewusstes Reiten mit und ohne Zaumzeug, 50 Minuten Spieldauer; KOSMOS 2007

DVD: **TTEAM-Bodenarbeit**, Führ- und Hindernistraining an der Hand, Schritt für Schritt zum sicheren und selbstbewussten Pferd, 50 Minuten Spieldauer; KOSMOS 2007

DVD: **Die Persönlichkeit Ihres Pferdes**, Die Kunst, Charakter und Temperament Ihres Pferdes zu bestimmen und zu positiv zu beeinflussen, 50 Minuten Spieldauer; KOSMOS 2008

Tellington-Jones, Linda und Taylor, Sybil: **TTouch for You!**. Gesundheit und Wohlgefühl mit dem Tellington TTouch, KOSMOS 2018
Die Erfolgsmethode, angewendet beim Menschen. Der Tellington TTouch mit seinen sanft kreisenden, hebenden und streichenden Berührungen als erfolgreicher und leichter Weg, sich selbst und anderen zu helfen. Auch als E-Book erhältlich.

Newsletter: **Tellington special** von Linda Tellington-Jones mit aktuellen Informationen und Artikeln zur Tellington Methode erscheint 4 x im Jahr und kann über www.tteam.de bestellt und abonniert werden.

BILDNACHWEIS
Mit 14 Illustrationen von Cornelia Koller / KOSMOS und zwei von Maria Mähler / KOSMOS (Seite 3 und 11).

IMPRESSUM
Umschlaggestaltung von Jorge Schmidt unter Verwendung einer Farbzeichnung von Maria Mähler / KOSMOS.

Alle Angaben und Methoden in diesem Buch sind sorgfältig erwogen und geprüft. Sorgfalt bei der Umsetzung ist jedoch geboten. Verlag und Autorin übernehmen keinerlei Haftung für Personen-, Sach- oder Vermögensschäden, die im Zusammenhang mit der Anwendung und Umsetzung entstehen könnten.

Gedruckt auf chlorfrei gebleichtem Papier

ISBN 978-3-440-16278-1
Redaktion: Gudrun Braun
Gestaltung und Satz: Hanna Schindehütte
Produktion: Hanna Schindehütte
Druck und Bindung: Print Consult GmbH, München
Printed in Slovakia / Imprimé en Slovaquie

FSC
www.fsc.org
MIX
Papier | Fördert gute Waldnutzung
FSC® C084279

Die sanfte Art der — Pferdeausbildung

80 Seiten

Hier findet jeder Reiter den richtigen TTouch zum Symptom oder Problem. Linda Tellington-Jones zeigt Schritt für Schritt, wie die TTouches funktionieren. So kann jeder Reiter oder Pferdebesitzer seinem Tier Wohlbefinden vermitteln, Konzentration und Leistungsvermögen steigern, Gesundheit fördern und bei Krankheit oder Verletzung für Linderung sorgen.

Das umfassende Lehr- und Praxisbuch der berühmten Pferdetrainerin Linda Tellington-Jones enthält das komplette Wissen, um Pferde partnerschaftlich und erfolgreich zu trainieren. Das Plus zum Buch: die kostenlose KOSMOS-PLUS-App mit 10 Erklär-Filmen.

336 Seiten

kosmos.de